30

分钟快速表现

室外景观

魏瑛　游娟　贺丽　徐英俊 著

上海人民美術出版社

目　录

序

室外景观快速手绘表现技法是景观设计师必须掌握的一门技法，作为一名室外景观设计师以快速表现的形式传达出设计理念，以最快的表现形式展示出设计思想和设计成果。快速表现是能够更快、更好地展示设计构思的表现方式，设计师通过快速表现的形式能够第一时间展示出设计效果。

室外景观快速手绘表现技法的掌握是需要全面了解手绘技法的相关知识和大量练习的积累，因此学习快速表现技法是一个不断积累、加强训练、完善技法的过程。通过平时大量临摹、分析和理解，掌握快速表现技法的特点再进行有效的运用。本书介绍了室外景观快速表现技法的基本知识，通过大量实例的分析和讲解，分步骤、分类型进行讲解和展示，由浅入深地讲解了室外景观快速表现技法的全过程，希望能更好地让学习者在短时间内通过自己的训练和学习，快速掌握技法的特点，为室外景观设计服务。

本书由四位编者合著完成，其中作者魏瑛完成本书的 10.3 万字，作者游娟完成本书的 10.2 万字，作者贺丽、徐英俊负责本书的文字和图片的部分收集与整理。书中不当之处，敬请批评指正。

第一章　景观手绘工具和基础训练

1.1 手绘工具介绍

古人云：“工欲善其事，必先利其器。”手绘表现的形式和手法多种多样，对画具及材料的要求也不同，而且良好的工具也对室外景观手绘作品的效果起着重要的作用。然而即使是十分好的工具也不一定是室外景观手绘效果图的决定因素，只有熟练的技巧才是关键。本节主要介绍景观手绘效果图常用的工具。

1. 铅笔

铅笔是最普遍的绘图工具，铅笔的型号从软到硬分别为 10B（一般为素描用笔）、9B、8B、6B、5B、4B、3B、2B、B、HB、H、2H、3H、4H、5H、6H，B 数越多铅笔就越黑越软，H 数越多就越硬颜色越浅。HB 是中间的。铅笔规格通常以 H 和 B 来表示，我们在练习和表现中最常用的是 2B 型号的铅笔。

铅笔在手绘过程中是最适合草图和草稿绘制的工具。（图 1-1）

图 1-1　铅笔工具

2. 绘图笔

绘图笔在这里只是一个统称，主要包括：针管笔（图 1–2）、勾线笔（图 1–3）、签字笔（图 1–4）以及钢笔（图 1–5）等。绘图笔的墨线清晰肯定，能够较好地表现出画面的素描关系，并且有很好的视觉效果，也是常用的手绘效果图表现工具。另外针管笔依据笔头的粗细分为不同型号，常见的型号是 0.1 ~ 1.0。绘图笔是手绘效果图线稿绘制过程中必不可少的绘图工具。

图 1–2　针管笔

图 1–3　勾线笔

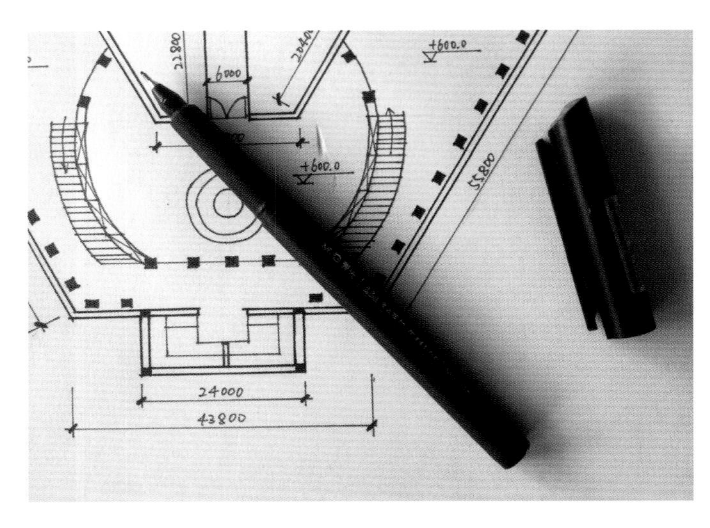

图 1–4　签字笔

图 1–5　钢笔

3. 彩色铅笔

彩色铅笔是一种既简便效果又突出的表现工具，它主要分为水溶性彩色铅笔和不溶性彩色铅笔（图 1–6）。我们常用的多为水溶性彩色铅笔，它的色彩齐全，刻画细腻，并且十分容易掌握还具有较强的表现优势。如图所示彩色铅笔的室外景观表现效果。（图 1–7 ~ 图 1–8）

图 1–6　彩色铅笔

图 1–7　彩色铅笔室外表现效果 / 选自《手绘表现技法》洪慧群、陈莉平

图 1–8　彩色铅笔室外表现效果 / 选自《手绘表现技法》洪慧群、陈莉平

4. 马克笔

马克笔通常用来快速表达设计构思以及设计效果图。有单头和双头之分，能迅速地表达效果并且颜色明亮，是当前最主要的绘图工具之一。

马克笔根据其性质不同分为油性马克笔和水性马克笔两类：

油性马克笔（图 1–9 ~ 图 1–10）的渗透性和遮盖性强，手感顺滑、颜色稳定且快干、耐水、耐光性相当好，因此使用时要迅速、准确。另外油性马克笔的颜色多次叠加不会伤纸，柔和。

图 1–9　马克笔

图 1–10　油性马克笔

酒精系列的油性马克笔（图 1–11）容易挥发且有刺鼻气味，但是色泽艳丽，渗透度适中。

图 1–11　酒精系列油性马克笔

水性马克笔（图 1-12）遇水即溶，没有浸透性，颜色亮丽有透明感，但多次叠加后颜色会变灰，而且容易损伤纸面。还有，用沾水的笔在上面涂抹的话，效果跟水彩很类似，有些水性马克笔干掉之后会耐水。

图 1-12　水性马克笔

马克笔品种繁多，其主要品牌有：

日本 MARVY 水性马克笔，价格便宜，但是单头，不宜叠加，效果很单薄且很容易使线稿花掉，已逐渐被淘汰。二代略有改进。

日本 COPIC 酒精性马克笔，由于其快干，混色效果好，在其国内设计行业里占据了重要位置，并号称世界第二大马克笔品牌。价格偏高，一支售价 30 元人民币左右。

美国的酒精性马克笔，三福霹雳马质量是很不错的，颜色纯度高，但是价格偏贵。

而韩国 Touch 马克笔是近两年的新秀，因为它有大小两头，水量饱满，颜色未干时叠加会自然融合衔接，有水彩的效果，而且价格便宜。

1.2 基础训练

1. 不同线条的练习

线条是手绘的基本表达方式，在任何手绘图中，线条都是画面的骨架，在画面结构中起着重要作用。然而不同的线条表达了不同的情感诉求，简单概括而言，垂直的线条给人造成高大、向上的感觉，水平的线条则给人开阔、舒展的效果，曲线可以引导视线向重心移动。

线条的使用技巧是表达画面感染力的重要手段，因此线条的熟练使用是设计师必备的技能。在练习直线时要注意线的连续性和准确性，每一笔应该都有目的性（图 1–13，图 1–14）。而在景观表现中，曲线的运用则是画面中较为活跃的因素。因此，在画曲线时不能出现描的现象，下笔要肯定。（图 1–15~ 图 1–16）

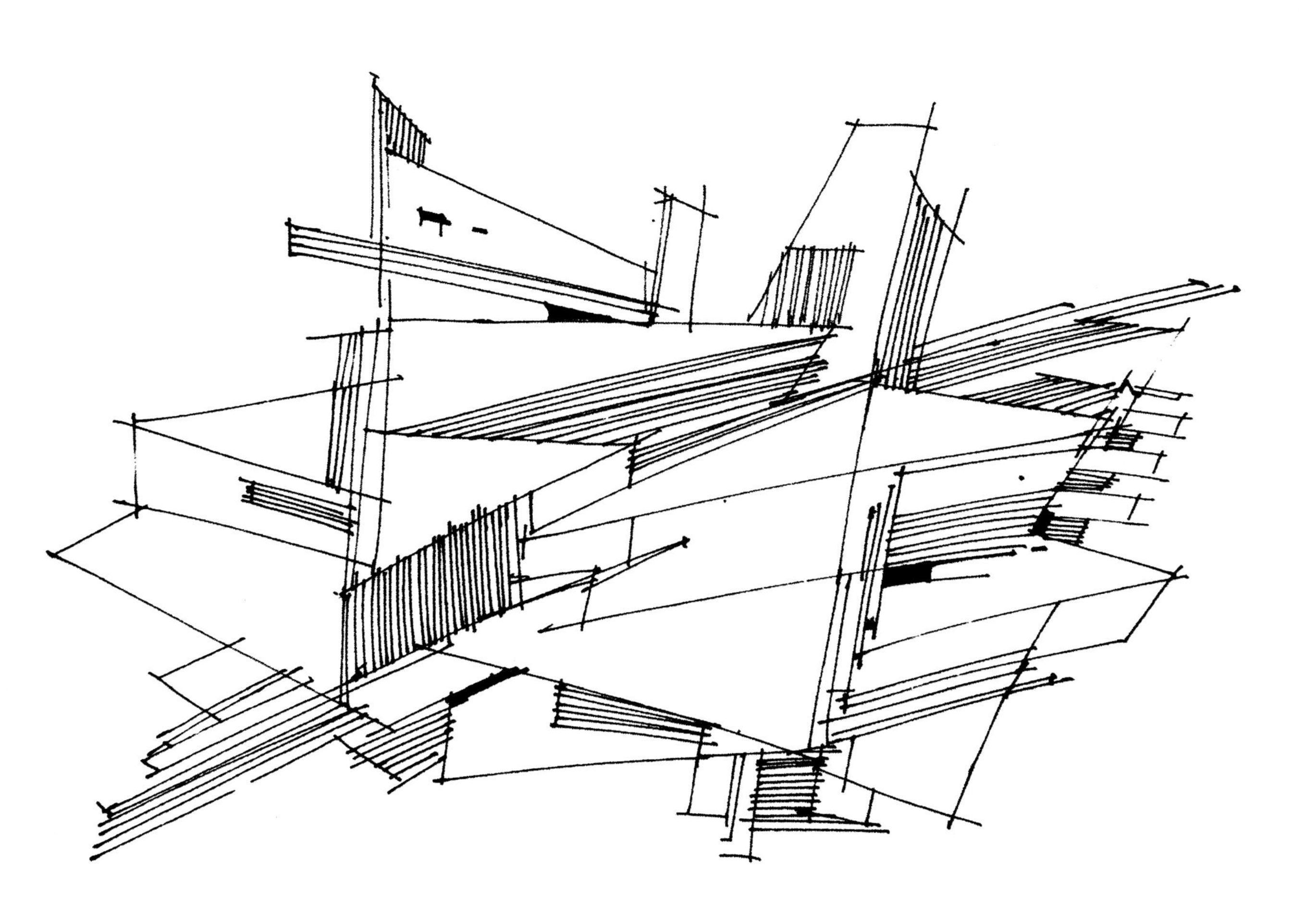

图 1–13　直线线条练习

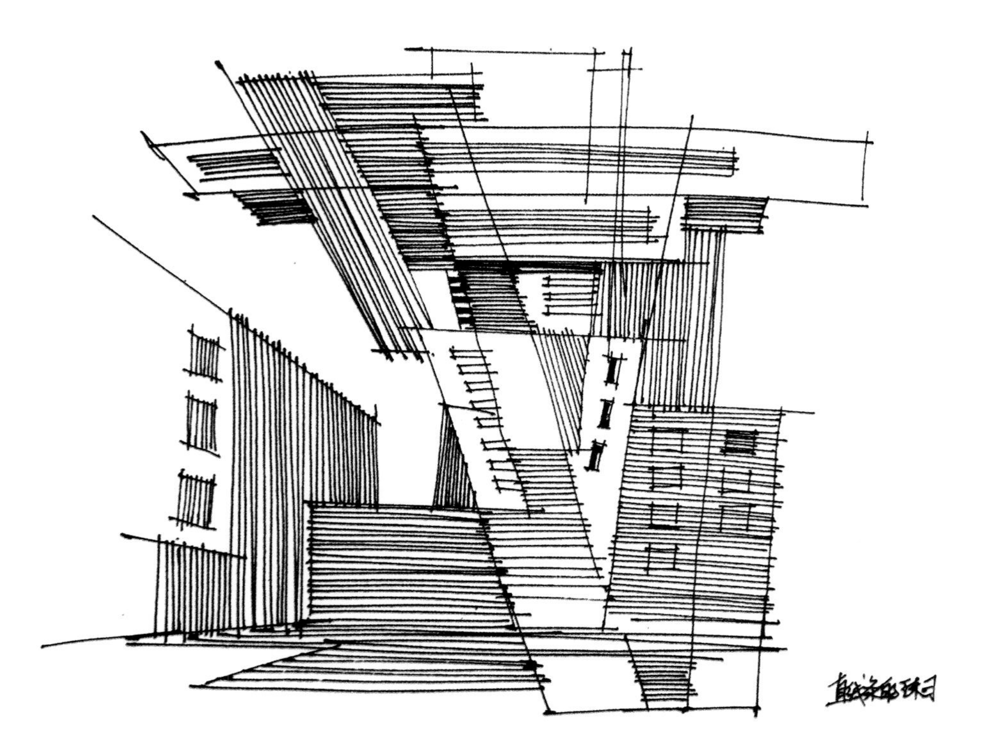

图 1–14　直线线条练习

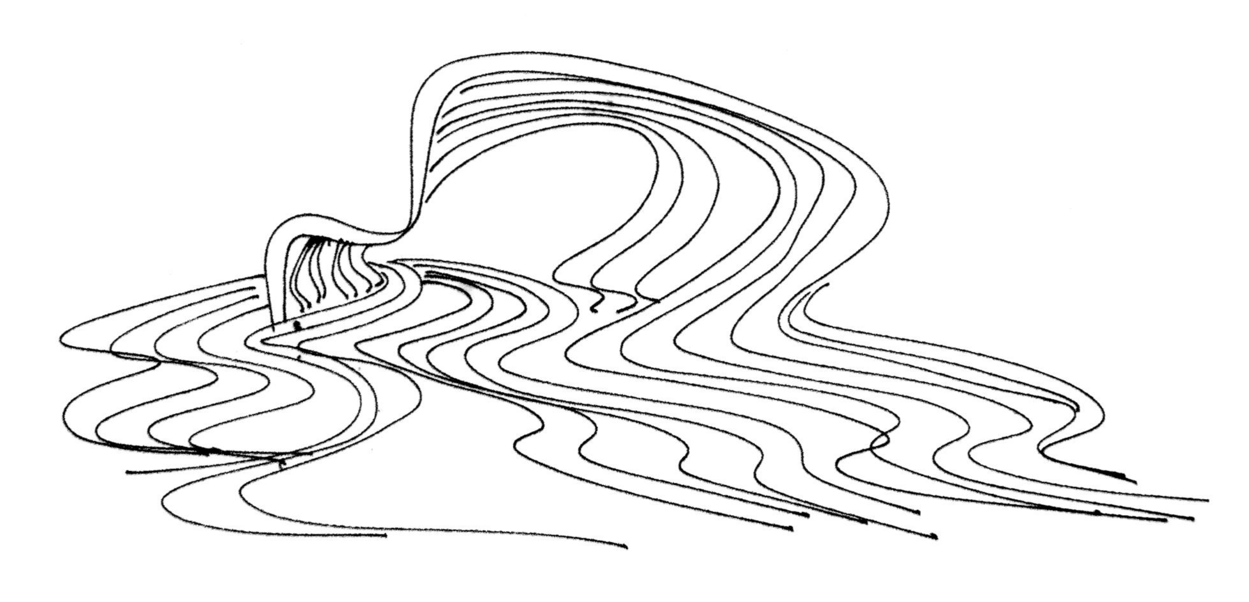

图 1–15　曲线线条练习

图 1–16　曲线线条练习

2. 基本运用训练

手绘上色时首先注重的是物体的固有色和质感，其次是与周围环境的和谐统一，为此，要先熟悉马克笔和彩色铅笔的运用。马克笔讲究的是笔触的有序排列，而彩色铅笔则如素描一样讲究明暗关系。（图 1–17）

图 1–17　马克笔和彩铅的基本运用

马克笔和彩色铅笔几种比较常用的笔触画法。彩色铅笔只是辅助马克笔的上色工具。（图 1–18）

图 1–18　马克笔和彩铅的基本画法

马克笔不同笔触的表现方法，以及马克笔和彩色铅笔结合的表现方法。（图 1–19）

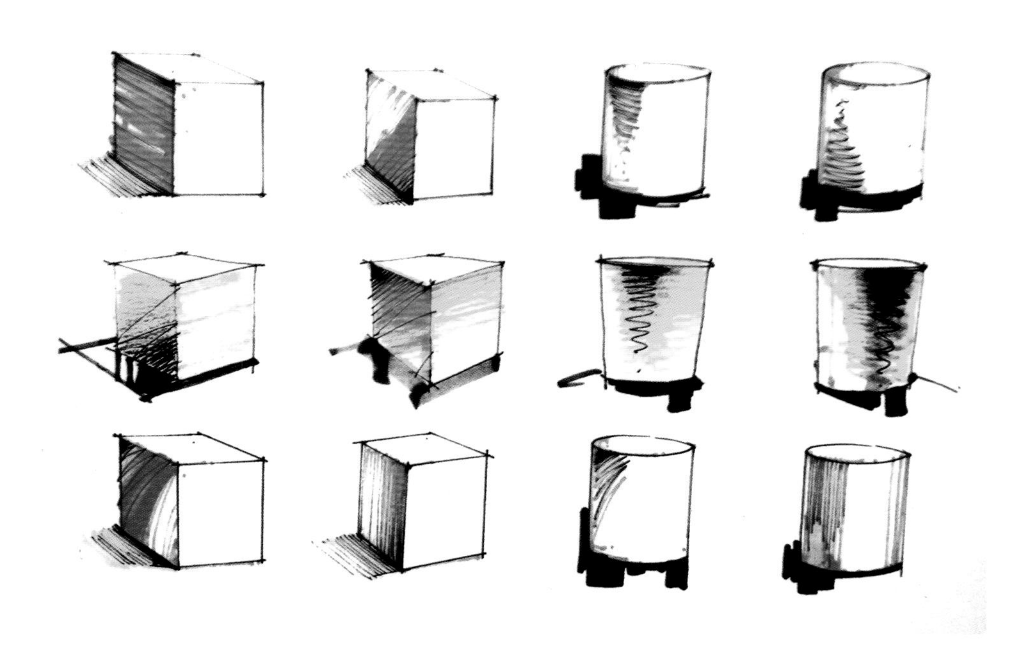

图 1–19　马克笔和彩铅的结合表现

第二章　透视基础和室外景观构图意识

2.1 透视基础

在室外景观手绘效果图中如果违背了透视关系，画面则会失去真实的美感，因此所有的效果图都要遵循透视关系，透视关系是否正确决定了一幅作品的成败，为此我们在手绘效果图中一定要熟练地掌握透视规律。下面我们介绍一下最常用的几种透视方法：

1. 一点透视（图 2-1）

图 2–1　一点透视

一点透视又称为平行透视，是最基本的透视方法。在一点透视中，物体的一个面与画面平行，并且画面只有一个消失点，空间纵深感较强。

2. 两点透视（图 2-2）

图 2-2　两点透视

两点透视又称成角透视，在画面中有两个消失点，具有画面活泼生动、空间立体感强的特点。在景观环境的表现中多用这种透视方法。

3. 三点透视（图 2-3）

图 2-3　三点透视

三点透视的画面中有三个消失点，使整个画面的视野显得较为开阔。这种透视关系主要运用在仰视的建筑效果图或鸟瞰图中。

2.2 构图意识

一幅优秀的作品需要多方面的努力，但是构图却是重中之重，因为构图是表达设计师构思的第一步，也是对景物提炼的一个过程。构图是表现技法艺术技巧的一个组成部分，构图要遵循形式美的法则和审美意识。室外景观手绘表现的构图意识是指在一定的空间范围之内，对自己要表现的室外景物进行有组织的安排，形成景观的局部与整体之间，形象空间之间的特定的结构形式。构图意识是室外景观手绘表现的形式结构，包含全部的造型因素与手段的总和。

1. 构图的基本方式

构图的基本结构形式要求极其的简约，通常概括为基本的几何形，但是这些几何形用在构图上只是取其近似，具体的个别差异变化是多样的。常见的构图方式有稳定性的三角构图、放射性的一点构图、S 形构图等。

在构图中应注意将主题置于画面的黄金分割线上，并且将最需要表现的部分放在画面中心，以便于视觉中心的营造。（图 2-4）

图 2-4　构图方式之一

在构图时应选择层次丰富的角度，让画面中的前景、中景、背景三部分有不同程度的对比，以便于画面主题的突出。（图 2-5）

图 2–5 构图方式之二

2. 构图的基本规律

虽然说构图是根据个人决定的，但是我们也要遵循构图的基本规律。

（1）形状的对比（图 2-6）

图 2-6　形状对比

（2）明暗的对比（图 2–7）

图 2–7　明暗对比

(3) 虚实的对比(图 2-8)

图 2-8　虚实对比

（4）远近的对比（图 2–9）

图 2–9　远近对比

第三章　景观手绘的表现方法及步骤

3.1 景观手绘中石头、水、植物的表现方法及步骤

1. 景观手绘中山石的表现方法及步骤

山石是景观手绘表现中重要的组成部分。不同的石材质感、色泽、纹理、形态等都不一样，因此我们在表现山石的时候要根据其特点进行绘制，通过黑、白、灰三个面的表现，体现石头的立体感。（图 3-1 ~图 3-6）

图 3–1

1. 铅笔起稿，画出整体轮廓线。

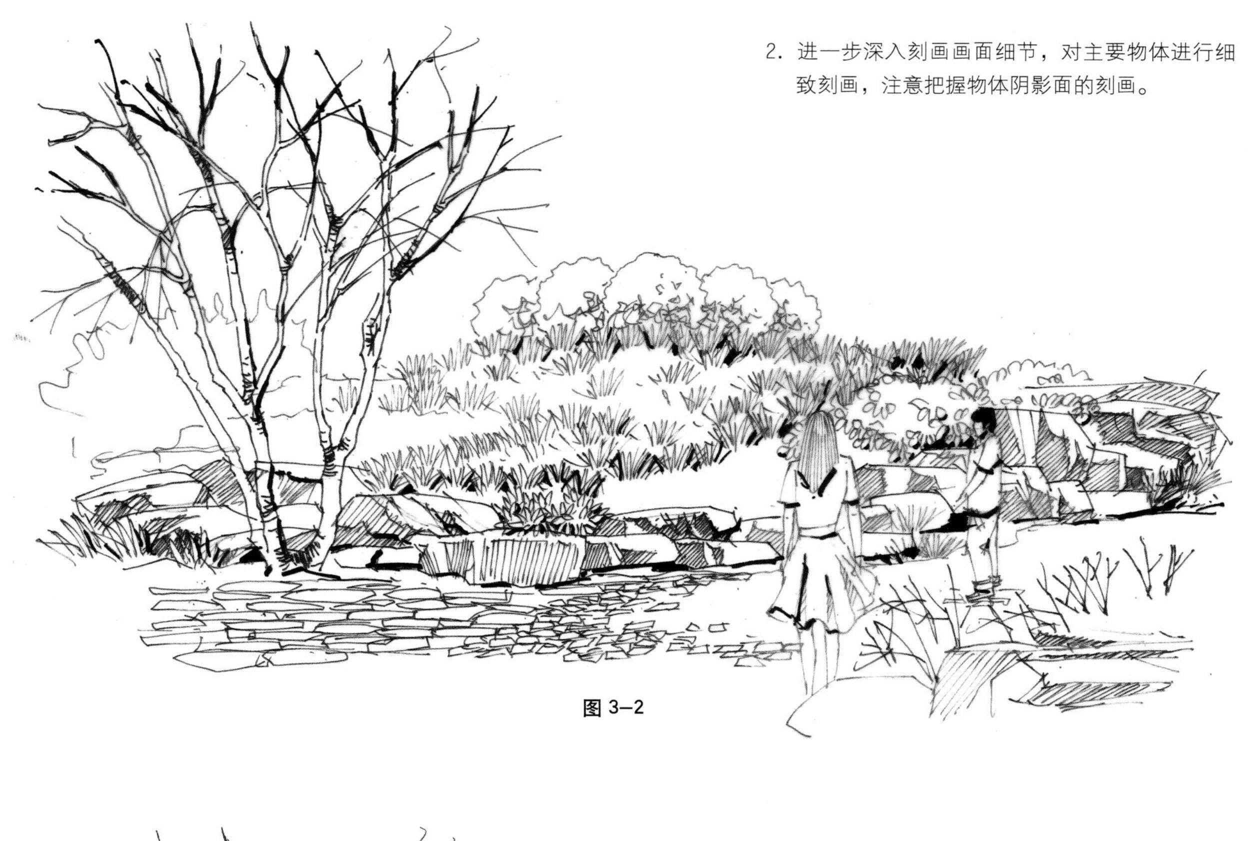

2. 进一步深入刻画画面细节，对主要物体进行细致刻画，注意把握物体阴影面的刻画。

图 3—2

3. 初步上色，将画面中大块面及颜色较浅的物体进行第一遍上色，同时将山石暗面先做刻画，亮面进行留白。

图 3—3

4. 第二层上色，将画面中深一些的颜色进行大面积的上色。

图 3–4

5. 继续进行色彩表现，增加细节和深入刻画，注意刻画深色和增加物体色彩变化的细节表现。

图 3–5

图 3–6

6. 最后调整画面整体效果，补充刻画物体的细节。

2. 景观手绘中水景的表现方法及步骤

水景是景观手绘中最为重要的组成部分，也可以说景观设计中离不开水景设计。水景通过水流动的特性贯穿整个画面。

水景有静水水景和动水水景之分。其中静水指相对静止的水面，周围景物的倒影清晰地印在水中。因此，在静水的表现中应用直线表现水的特性。动水则包括跌水、瀑布等。在表现跌水和瀑布等动态水景时多用弧线表现，并注意与背景的关系，做到相互衬托。

表现水最为重要的是表现水的载体和周围环境。（图 3–7 ～图 3–11）

图 3–7

1. 勾勒出画面整体的轮廓线。

图 3–8

2. 深入表现细节，注意物体细节的刻画及物体暗部和阴影的表现。

图 3—9

3. 第一遍上色，先表现画面中较浅的颜色和面积较大的部分。

图 3—10

4. 第二遍上色，主要将画面中深一些的颜色大面积进行表现。

图 3–11

5. 继续上色表现，增加细节的刻画，主要是铺设深色及增加物体色彩变化细节，水面倒影、木桥材质的刻画都是为了更好地体现画面效果。

3. 景观手绘中植物的表现方法及步骤

植物作为重要的配景元素是景观设计图中必不可少的。由于植物在画面中一般占较大面积，故画面中植物表现的好坏直接影响到画面的好坏。

在画面中表现远景的树时，一般采用概括的画法，表现出其大的关系体现出树的体型即可。而前景中的树应着重突出其形态，更多的时候只画部分用来作为构图使用。

植物的重要性是不言而喻的，因此需要我们在日常生活中大量观察和练习，我们才能更好地概括和把握植物的画法。（图 3–12 ~图 3–18）

图 3–12

1．先画出画面的整体轮廓，以及植物的具体位置。

图 3—13

2. 在第一步的基础上进行细节刻画，画出植物的具体表现形态。

图 3—14

3. 深入刻画细节，对植物细节进行深入刻画及植物阴影面的表现。

图 3–15

4. 将画面中较浅的颜色进行第一遍上色，表现出画面中的基本色调。

图 3–16

5. 第二遍上色是将画面中较深的部分进行颜色表现。

图 3—17

6. 增加植物细节的刻画，注意把握植物深色部分色彩的变化。

图 3—18

7. 调整画面中植物整体的效果，补充细节的刻画，完善画面效果。

第四章　景观手绘范例步骤示意

范例 1（图 4-1 ～图 4-7）

图 4—1

1. 通过对景物的分析提炼完成草稿，并在线稿时详细刻画。

图 4—2

2. 突出画面主题，形成主次对比和虚实对比以及保证透视的正确性。

图 4—3

3. 详细刻画出整体景观物体线稿。

图 4—4

4. 从画面大关系着手，铺出画面的基本色调。

图 4—5

5. 对画面关系进行强化，并进行深入刻画以突出画面重点，保证画面整体性。

图 4–6

6. 对画面的整体关系进行调整，注意一些小的细节刻画丰富画面。

图 4–7

7. 注意刻画细节，统一画面色调。

范例 2（图 4–8 ～图 4–13）

图 4–8

1．设计构思完成后，用铅笔起稿，把每一部分结构都表现到位，注意透视关系及空间关系的表达。

图 4–9

2. 用黑色勾线笔绘制前，把设计中一部分作为重点表现，将这一部分作为重点刻画，同时把景物的受光、暗部、质感表现出来。

图 4—10

3. 先从画面整体色调着手表现，表现出整个作品色调。

图 4—11

4. 再表现出整体色彩对比，注意整体笔触的运用和细部笔触的变化，做到心中有数再动手表现。

图 4—12

5. 先从画面视觉中心着手，详细刻画，注意物体质感的表现和光影的表现。

图 4—13

6. 整体色调由浅到深进行刻画，注意虚实变化，尽量不要让色彩渗出物体轮廓线。

范例 3（图 4-14 ~图 4-19）

图 4—14

1．详细刻画出整体景观场景线稿，深入刻画细节，注意主要物体细节刻画及阴影暗面的刻画。

图 4–15

2. 初步上色表现，将大块面及较浅的颜色进行铺设。

图 4—16

3. 第二层上色，注意把握画面整体效果。

图 4—17

4. 这一步骤主要是将较深一些的颜色进行大面积铺设。

图 4–18

5. 增加细节和景观物体的深入刻画，主要是刻画深色及增加物体色彩变化的细节。

图 4—19

6. 最后调整画面的整体效果，补充细节表现。

范例 4（图 4-20 ~图 4-26）

图 4—20

1. 用铅笔画出场景轮廓线。

图 4—21

2. 在第一步骤的基础上进一步刻画场景。

图 4—22

3. 深入刻画细节，注意表现物体的细节刻画及阴影明暗面的表现。

图 4—23

4. 初步上色表现，将画面中大块面积及较浅的颜色进行铺设表现。

图 4—24

5. 第二层颜色表现，将画面中较深的颜色进行大面积的铺设。

图 4—25

6. 增加细节的表现，注意景观物体细节的刻画及物体色彩变化的细节表现。

图 4—26

7. 继续深入表现细节，注意把握画面的整体性。

范例 5（图 4-27 ~图 4-33）

图 4-27

1. 勾画出景观场景的基本轮廓线，注意把握画面透视关系。

图 4—28

2. 用铅笔稿继续完成场景的刻画，把握画面的整体性。

图 4—29

3. 用铅笔稿深入刻画场景的细节，主要是物体细节深入刻画表现。

图 4—30

4. 用马克笔将场景中的物体进行初步上色。

图 4—31

5. 用马克笔进行第二层上色，主要是将物体中深一些的颜色进行表现。

图 4—32

6. 用马克笔继续深入细节刻画，注意物体细节色彩的表现。

图 4—33

7. 用马克笔继续深入表现细节，注意表现画面的整体效果。

范例 6（图 4-34 ~图 4-39）

图 4—34

1．注意把握画面中透视的准确性，用铅笔画出场景轮廓线及物体的位置。

图 4–35

2. 深入表现场景中的细节之处，注意物体阴影面的细节刻画和景观场景的虚实关系。

图 4—36

3. 大面积进行颜色的第一次铺设，表现出景观物体的空间感。

图 4—37

4. 第二层上色，注意场景中细节的刻画表现。

图 4—38

5. 继续深入上色表现，注意刻画场景中不同物体的颜色表现。

图 4–39

6. 调整画面中的整体效果，继续用颜色刻画细节。

范例 7（图 4-40 ~图 4-44）

图 4—40

1. 起稿完成景观设计的场景轮廓线，概括分析表现场景。

图 4—41

2. 归纳总结，在第一步的基础上进一步刻画表现场景。画出室外场景中各物体的具体位置。

图 4—42

3. 深入刻画表现室外场景中的细节以及画面中的重要表现部分。

图 4—43

4. 初步上色，将室外场景中的较浅色和大面积物体进行铺色表现。

图 4–44

5. 深入刻画室外场景中物体细节的表现，增加场景中物体深色的表现及物体色彩变化的细节。

范例 8（图 4-45 ~ 图 4-51）

图 4-45

1. 用线稿表现出室外场景中各物体的具体形状及大小，注意场景中物体透视关系的表现。

图 4-46

2. 归纳总结，在第一步的基础上进行场景的刻画，注意把握场景中的视觉中心和画面空间感的表达。

图 4—47

3. 深入刻画物体的细节部分和山石的明暗关系，以及物体的虚实变化，突出画面的视觉中心部分。

图 4—48

4. 将画面中远景部分进行初步上色，表现出场景中物体的基本色调，对画面中的较浅色进行铺色表现。

图 4–49

5. 将场景中山石及水体的基本色调进行初步铺色，表现出物体的固有色，通过色彩的运用突出画面的空间感和物体的虚实变化。

图 4–50

6. 深入刻画场景中物体细节色彩的表现，增加山石、树木及水体中深色的表现及色彩变化的细节。

图 4—51

7. 将画面中树木、山石、水体的细节进行细致深入的刻画，表现出树干的层次关系和山石、水体的体积感。

范例 9（图 4-52 ~ 图 4-59）

室外景观实景表现技法，如图所示（图 4-52）

图 4—52

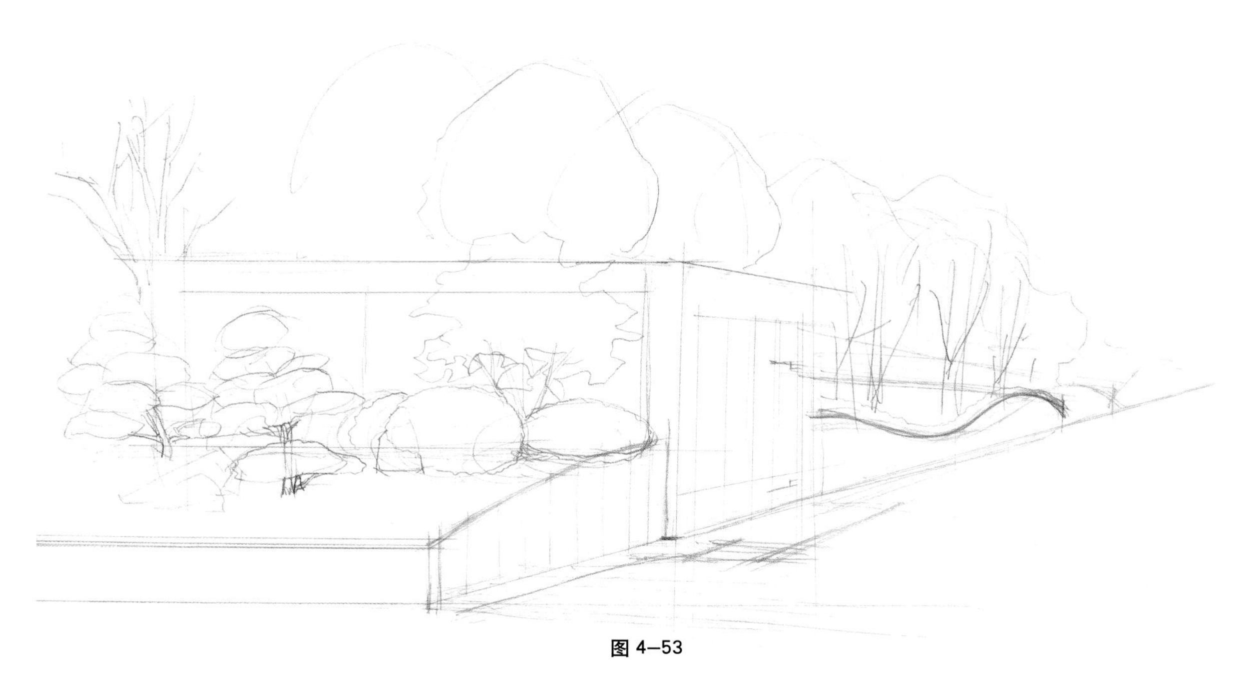

图 4—53

1. 先用铅笔稿勾画出整个室外环境中所要表现的主体，画出场景的整体轮廓，概括分析表现场景。

图 4—54

2. 在第一步的基础上进行归纳总结，画出室外场景中各物体的具体位置，注意场景中物体透视关系的表现。

图 4—55

3. 通过线稿深入刻画表现室外场景中的细节以及画面中的重要表现部分，初步表现出物体明暗关系，画出局部细节部分。

图 4—56

4. 继续深入刻画树木、植物和建筑的细节部分，表现出建筑和植物、树木的明暗关系和物体的体积感。

图 4—57

5. 将室外场景中的较浅色和大面积物体进行铺色表现，初步对场景中各物体进行上色，区分出各物体色彩关系。

图 4—58

6. 将室外场景中的建筑、植物、树木的细节部分进行深入刻画表现，增加场景中树木和植物深色部分的表现，突出各物体之间色彩细节的变化。

图 4—59

7. 通过中间色的运用，将画面中建筑、树木、植物的细节进一步刻画，突出画面中的主体部分，表现出画面的视觉中心及各物体的层次感。

范例 10（图 4-60 ~图 4-68）

室外景观实景表现技法，如图所示（图 4-60）

图 4-60

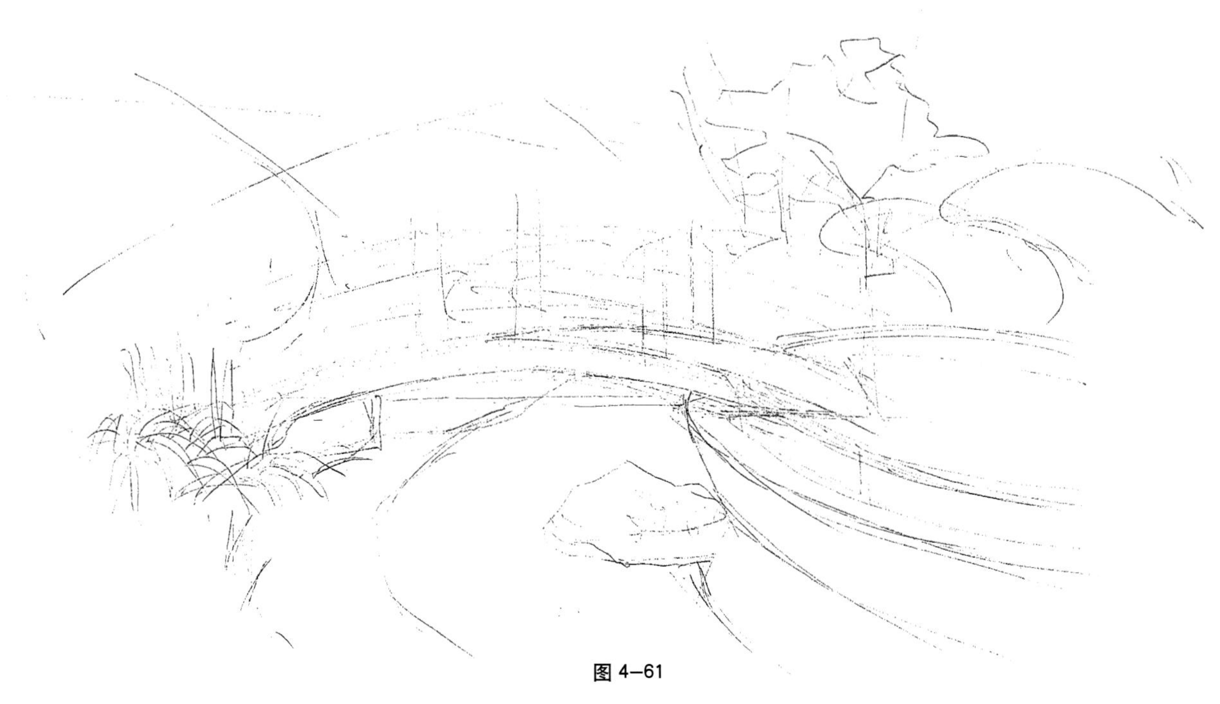

图 4—61

1．勾勒完成景观设计的场景轮廓线，确定场景中物体的体积、大小、位置，用铅笔稿表示出来。

图 4—62

2．继续深入刻画场景中物体的细节部分，画出物体的具体形状、大小，进一步明确各物体的具体位置和细节的表现。

图 4—63

3．深入刻画场景中桥的细节表现，刻画出桥体的各部分细节，表现出桥的体积感和桥体的具体样式，重点突出画面中的重要部分表现。

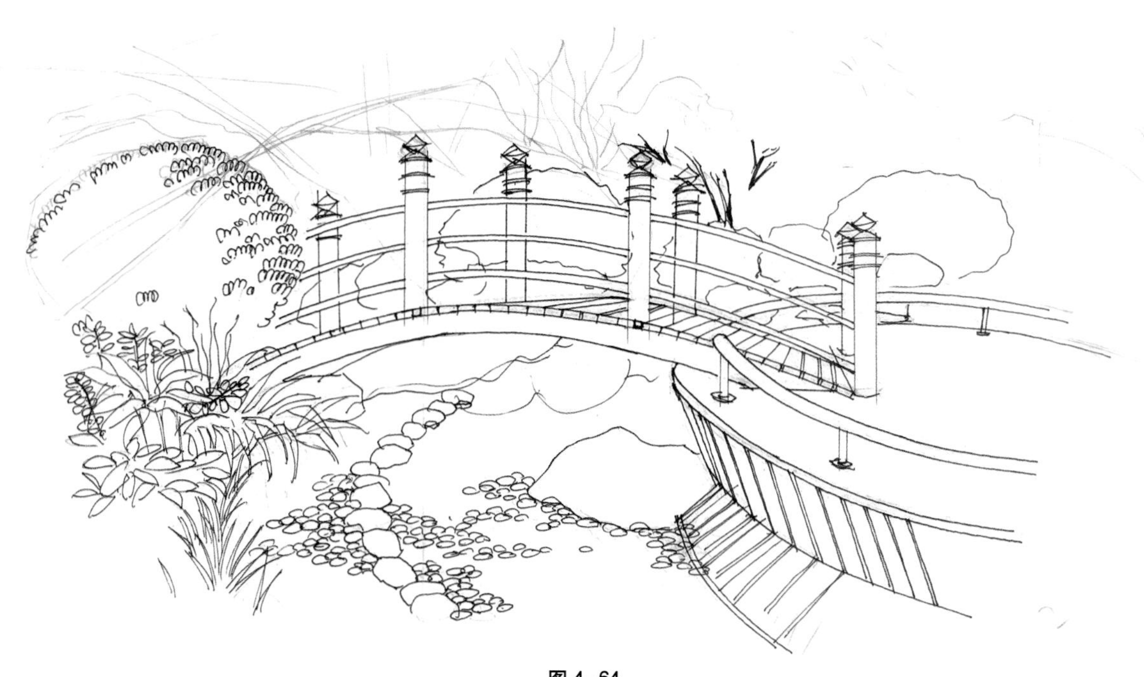

图 4—64

4．用线稿将场景中各物体的细节具体化，将植物、桥身、水体的细节进一步刻画表现出来。

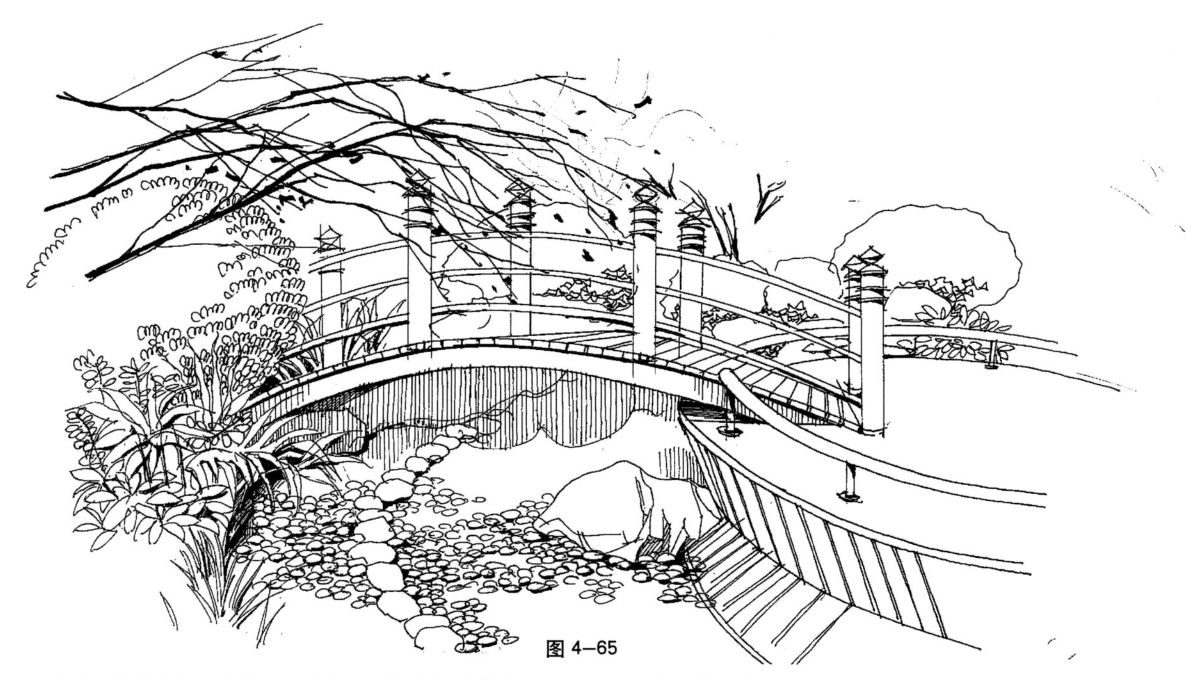

图 4—65

5. 最后完善整个场景的线稿，注意画面中空间感的表现，把握画面线稿的整体关系，深入刻画出场景中各物体的细节部分。

图 4—66

6. 将室外场景中较浅的颜色和面积较大的部分进行铺色表现，完成色彩表现中的第一遍上色，画出场景中物体的固有色。

图 4–67

7. 深入表现室外场景中各物体的色彩特征，增加场景中物体深色的表现及物体色彩变化的细节。

图 4—68

8. 刻画表现出场景中各物体的色彩关系，通过色彩的变化表现出场景中各物体的空间感和体积感，突出表现画面的视觉中心和重点表现对象。

图书在版编目（CIP）数据

室外景观/魏瑛、游娟、贺丽、徐英俊著．—上海：上海人民美术出版社，2015.1
(30分钟快速表现)
ISBN 978-7-5322-9292-9

Ⅰ.①室… Ⅱ.①魏… ②游… ③贺… ④徐… Ⅲ.①景观设计 Ⅳ.①TU986.2

中国版本图书馆CIP数据核字（2014）第264075号

30分钟快速表现
室外景观
著　　者：魏　瑛　游　娟　贺　丽　徐英俊
责任编辑：霍　覃
技术编辑：朱跃良
出版发行：上海人民美術出版社
上海市长乐路672弄33号
邮编：200040　电话：021-54044520
网　　址：www.shrmms.com
印　　刷：上海海红印刷有限公司
开　　本：787×1092　1/16　6印张
版　　次：2015年1月第1版
印　　次：2015年1月第1次
印　　数：0001-3300
书　　号：ISBN 978-7-5322-9292-9
定　　价：36.00元